Impressum:

Copyright © 2006 GRIN Verlag, Open Publishing GmbH
Druck und Bindung: Books on Demand GmbH, Norderstedt Germany
ISBN: 978-3-668-13731-8

Silvia Pretzel

Schulmedizinisches und naturheilkundliches Verständnis des Säure-Basen-Haushalts

GRIN Verlag

Schulmedizinisches und naturheilkundliches Verständnis des Säure-Basen-Haushalts

von

Silvia Pretzel

Inhaltsverzeichnis

1. Einleitung

Diese Arbeit beschäftigt sich mit dem biochemischen Mechanismus und den Beeinflussungsmöglichkeiten des Säure-Basen-Haushalts zum einen aus der Sicht der Schulmedizin und zum anderen aus der Sicht der Naturheilkunde. Im ersten Abschnitt werden die zum Verständnis der weiteren Ausführungen wichtigen chemischen Grundbegriffe wie z.B. die Definition von Säure und Base kurz erläutert, um dann die von der Wissenschaft anerkannten Fakten über die Regulierungssysteme und möglichen Entgleisungen des Säure-Basen-Haushalts ausführlich darzustellen. Der zweite Teil schildert die Grundlagen für die Meinung der Naturheilkunde aus der Sicht ihrer wichtigsten Vertreter. Hier wird besonders die Beeinflussung des Säure-Basen-Haushalts durch die Ernährung betrachtet und das Prinzip einer basischen Ernährung am Beispiel der HAYschen Trennkost verdeutlicht sowie auf weitere Kostformen, die einer Übersäuerung des Körpers entgegenwirken, hingewiesen.

2. Medizinische Grundlagen

Dieses Kapitel geht zu Anfang auf die chemischen Grundlagen ein, die zum Verständnis des Säure-Basen-Haushalts notwendig sind. Danach wird der Begriff des Säure-Basen-Haushalts erläutert und die zur Aufrechterhaltung des Säure-Basen-Gleichgewichts nötigen Regelmechanismen dargestellt sowie mögliche Systementgleisungen benannt und näher ausgeführt.

2.1 Chemische Grundlagen

Der Begriff „Säure-Basen-Haushalt" beinhaltet zwei wichtige chemische Begriffe: Säure und Base. Nach der Definition von Brønsted von 1923 ist eine Säure (lat. *acidum*) ein Stoff, der Wasserstoff-Ionen bzw. genauer ausgedrückt Wasserstoffprotonen (H^+), in einer Lösung abgeben kann. Eine **Säure** wird auch als Protonendonator (Protonenspender) bezeichnet. Eine **Base** (griech. *Ausgangs-/Grundlage*) ist analog dazu ein Stoff, der je nach Stärke ein oder mehrere Wasserstoffprotonen aufnehmen kann und in Folge dessen auch als Protonenakzeptor bezeichnet wird. Bei einer Säure-Basen-Reaktion gibt die Säure ein oder mehrere Wasserstoffprotonen an die Base ab. Diese Reaktion ist nicht zu verwechseln mit der im Stoffwechsel hauptsächlich auftretenden Redoxreaktion, da bei dieser Elektronen statt Protonen übertragen werden. Jede Säure besitzt bei einer solchen Säure-Basen-Reaktion eine korrespondierende Base, welche die freigesetzten Protonen aufnimmt. Wenn z.B. Salzsäure (HCl) in Wasser gelöst wird, gibt sie ein Wasserstoff-Ion an das Wasser, die korrespondierende Base, ab. Es entstehen ein Oxonium-Ion (H_3O^+) und ein Chlorid-Ion (Cl^-) [18]:

$$HCl + H_2O \leftrightarrow H_3O^+ + Cl^-$$

Salzsäure   WasserOxonium-Ion Chlorid-Ion

Analog dazu besitzt jede Base auch eine korrespondierende Säure. Wenn z.B. Ammoniak (NH_3) mit Wasser in Kontakt kommt, nimmt es vom Wasser ein Wasserstoffproton auf und es entstehen ein Ammonium-Ion (NH_4^+) und ein Hydroxyd-Ion (OH^-) [10]:

$$NH_3 + H_2O \leftrightarrow NH_4^+ + OH^-$$

Ammoniak   WasserAmmonium-Ion   Hydroxyd-Ion

Auch Elektrolyte[1] wie z.B. Natrium- oder Kalium-Ionen können in Wasser gelöst sowohl als Basen fungieren, z.B. in Form von basisch wirkenden Salzen wie Kaliumcarbonat (K_2CO_3) oder Trinatriumphosphat (Na_3PO_4), als auch sauer wirken, wie z.B. Natriumdihydrogenphosphat (NaH_2PO_4) [18].

Damit physiologische Vorgänge optimal ablaufen können, ist je nach Art des Vorgangs ein bestimmtes Verhältnis von Säuren zu Basen nötig. Ein Maß für die Menge der vorhandenen Säuren und Basen in einer Flüssigkeit ist der **pH-Wert**. Der Begriff „pH-Wert" (*potentia hydrogenii*) leitet sich von den lateinischen Begriffen *potentia* (Kraft) und *hydrogenium* (Wasserstoff) ab. Er beschreibt die Konzentration der in Form von Hydronium-Ionen (H_3O^+) vorliegenden Wasserstoffprotonen und ist definiert als „... *der negative dekadische Logarithmus des Zahlenwertes der H_3O^+-Konzentration ...*" ([18], S.153).

$$pH = -lg\,[H_3O^+] \begin{cases} \text{wenn } [H_3O^+] > 10^{-7}, \text{ dann gilt pH} < 7 \\ \text{wenn } [H_3O^+] < 10^{-7}, \text{ dann gilt pH} > 7 \end{cases}$$

Abb. 1: „*pH-Definition*" (eigene Darstellung nach [18])

---

[1] Stoffe, die Strom statt über Elektronen über Ionen leiten (Säuren, Basen, Salze). Biologische Elektrolyte: osmotisch wirksame Salze; wichtig zur Aufrechterhaltung des osmotischen Drucks in Zellen [8].

Lösungen sind folglich basisch, wenn die Konzentration der Hydroxid-Ionen die Konzentration der Protonen bzw. der Hydronium-Ionen übersteigt. Dies ist bei Protonenkonzentrationen kleiner als 10^{-7}mol/l der Fall, was einem pH-Wert über 7 entspricht.

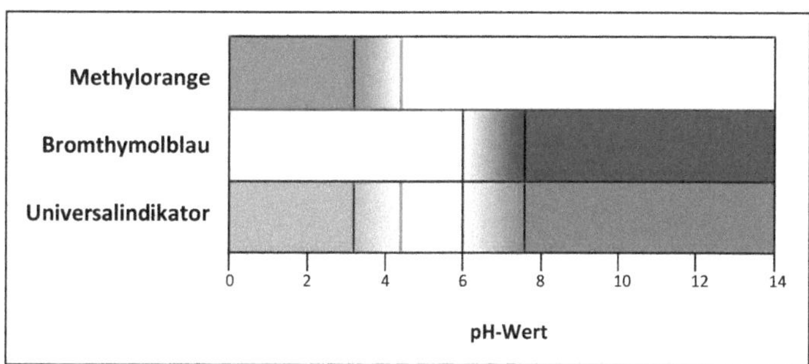

Abb. 2: *„Farbindikatoren und ihr Zusammenspiel bei Universal-Farbindikatoren"*

(eigene Darstellung nach [28])

Analog dazu sind Lösungen sauer, wenn die Protonen überwiegen, die Konzentration also größer als 10^{-7}mol/l ist; der pH-Wert ist dann kleiner als 7 (Abbildung 1). Bei genau pH 7 sind die Konzentrationen gleich und die Lösung ist somit neutral [18]. Um festzustellen, ob eine Flüssigkeit sauer oder basisch ist, kann zur genauen Bestimmung ein pH-Meter benutzt werden. Zur ungefähren Bestimmung können aber auch Farbindikatoren herangezogen werden, die in Abhängigkeit vom pH-Wert der Lösung deutlich ihre Farbe ändern, wobei verschiedene Farbkombinationen möglich sind. Der Umschlagbereich des Farbindikators Phenolphthalein liegt z.B. zwischen pH 8-10. Unter pH 8 ist er farblos, über pH 10 rot. Methylrot dagegen färbt eine Lösung bei einem pH-Wert unter 4,4 rot, über 6,2 jedoch gelb. Universal-Indikatorpapiere oder -lösungen enthalten eine Kombination verschiedener Farbindikatoren und können je nach Zusammenstellung der verwendeten Indikatoren bis auf ein Zehntel-pH genau sein oder nur als grobe Orientierung dienen (Abbildung 2) [18].

Körperflüssigkeit / Sekret	pH-Wert
Speichel	6,5 - 7,0
Magensaft	1,2 - 3,0
Pankreassekret	7,4 - 8,5
Galle	6,2 - 8,5
Darmsekret	6,5 - 8,0
Blut	7,35 - 7,45
Urin	4,5 - 8,2

Tab. 1: *„pH-Werte einiger Körperflüssigkeiten"*
(nach [8], ergänzt nach [11])

Folgt man dem Weg der Nahrung durch unseren Körper fällt auf, dass der pH-Wert in den verschiedenen Körperflüssigkeiten wie Blut, Verdauungssekreten oder Urin sehr unterschiedlich ist (Tabelle 1). Die Gründe finden sich in den unterschiedlichen Aufgaben, die sie erfüllen. Dies soll hier am Beispiel der Verdauung kurz erläutert werden. Durch die Salzsäure im Magen herrscht im nüchternen Zustand ein pH-Wert zwischen eins und drei. Auf diese Weise werden z.B. Proteine denaturiert und somit für den enzymatischen Abbau leichter zugänglich. Außerdem liegt das pH-Optimum für das im Magen wirksame Enzym Pepsin im sauren Bereich bei pH 1,5-3, es kann hier also optimal wirksam werden. Auf Grund des niedrigen pH-Wertes werden zusätzlich einige der durch die Nahrung eingetragenen Bakterien abgetötet. Im Dünndarm wird der saure Magensaft durch das Pankreassekret neutralisiert und es entsteht ein Milieu im Bereich von pH 6-8. Dadurch können die hier wirkenden kohlenhydrat-, fett- und eiweißspaltenden Enzyme, deren pH-Optima bei etwa 7-8 liegen, effektiv wirken. Durch Resorption gelangen die Nährstoffe ins Blut, wo der relativ enge pH-Bereich von 7,35-7,45 unbedingt aufrechterhalten werden muss, um die Arbeitsfähigkeit des Blutes zu gewährleisten ([8], [11]).

Die ständige Einstellung des jeweils nötigen pH-Wertes wird durch sogenannte **Puffersysteme** ermöglicht [8]. Diese Systeme haben die Fähigkeit, einen pH-Wert trotz der Zugabe von Säuren oder Basen innerhalb gewisser Grenzen konstant zu halten. Sie bestehen aus einer Säure bzw. einer Base und dem jeweiligen Salz. Ein Beispiel dafür ist der Bicarbonatpuffer des Blutes. In wässriger Lösung besteht ein Gleichgewicht zwischen spontan dissoziierter und nicht-dissoziierter Kohlensäure. Werden Säuren oder Basen dazugegeben, verschiebt sich das Gleichgewicht so, dass der pH-Wert konstant gehalten wird. Die Kapazität eines Puffersystems beschreibt die Menge an Säure bzw. Base, die hinzugegeben werden muß, um den pH-Wert signifikant zu ändern. Je größer die Pufferkapazität ist, desto stabiler ist das System gegenüber Änderungen des pH-Wertes durch Zugabe von Säuren oder Basen [18].

2.2 Der Säure-Basen-Haushalt

Den Begriff des **Säure-Basen-Haushalts** kann definiert werden als „... *die Gesamtheit der Regulationsprozesse zur Konstanthaltung des physiologischen pH-Wertbereiches in den verschiedenen Körperkompartimenten*" ([19], S.240). Die Gründe für diese Aufrechterhaltung des pH-Wertbereiches sind vielfältig: Durch veränderten pH-Wert hervorgerufene Protonenabspaltungen bzw. -anlagerungen können sich elektrochemische Eigenschaften von Molekülen, besonders von Proteinen wie z.B. Membranbestandteilen, Enzymen u.a., verändern [9]. Dadurch werden enzymatisch katalysierte Reaktionen und biochemische Prozesse mit elektrostatischen Wechselwirkungen beeinflusst [23]. Auch Ionenverteilung, Transportvorgänge, Erregbarkeit sowie Kontraktionsvorgänge werden durch einen nicht-physiologischen pH-Wert verändert und es können so insgesamt tiefgreifende Störungen lebenswichtiger Zell- und Organleistungen verursacht werden [14].

Wasserstoffprotonen und Hydroxid-Ionen, die den pH-Wert beeinflussen könnten, entstehen durch viele Stoffwechselaktivitäten unseres Körpers. Ein **Säureüberschuss**, also ein Zuviel an Wasserstoffprotonen, entsteht durch den oxidativen Abbau sämtlicher organischer Verbindungen in Form von Kohlendioxid (CO_2), welches sich mit Wasser zur Kohlensäure (H_2CO_3) verbindet, sowie beim anaeroben Abbau von Glucose in Form von Milchsäure, welche zu Lactat$^-$ und H^+ dissoziiert. Bei einer übermäßigen Bildung von Ketonkörpern[2] – verursacht z.B. durch eine Aktivierung des Hungerstoffwechsels, eine sehr fettreiche und gleichzeitig kohlenhydratarme Ernährung oder einen nicht eingestellten Diabetes mellitus – können nicht mehr alle oxidativ abgebaut werden. Durch die Dissoziation der überzähligen Ketonkörper werden H^+-Ionen freigesetzt [19]. Ein weiterer großer Säurelieferant ist der Abbau von Sulfat- und Phosphatgruppen enthaltenden Proteinen, vor allem der schwefelhaltigen Aminosäuren Methionin und Cystein. Durch den Abbau entsteht Schwefelsäure (H_2SO_4), die zu Sulfat (SO_4^{2-}) und $2H^+$ dissoziiert. Durch den Abbau von Molekülen, die anorganische Phosphate oder Phosphatester enthalten, entsteht Phosphorsäure,

---

[2] Zusammenfassende Bezeichnung für Acetacetat, 3-Hydroxybutyrat und Aceton. Erstere entstammen hauptsächlich dem Fettstoffwechsel, Aceton ist ein Stoffwechselendprodukt [8].

die wiederum zu (Di-)Hydrogenphosphat ($H_2PO_4^-$ bzw. HPO_4^{2-}) und einem bzw. zwei Wasserstoffprotonen dissoziiert ([9], [23]).

Ein **Basenüberschuss**, also ein Zuviel an Hydroxid-Ionen, entsteht durch Aufnahme pflanzlicher Nahrung, vor allem durch die so aufgenommenen alkalisch wirkenden Mineralstoffverbindungen wie z.B. Natriumcarbonat ($Na_2CO_3^-$), welches über Carbonat (CO_3^{2-}) in Verbindung mit Wasser zu Hydrogencarbonat (HCO_3^-) und einem Hydroxid-Ion reagiert [11].

2.2.1 Regulationsmechanismen

Bei einer normalen gemischten Ernährung mit etwa 1-2g Eiweiß pro kg Körpergewicht befinden sich Säuren- und Basenlieferanten nicht im Gleichgewicht, es entstehen bei der Verstoffwechslung überwiegend Säuren [14]. Dagegen entsteht bei einer lactovegetabilen[3] Kostform ein Überschuss an Basen [23]. Um die teilweise engen pH-Toleranzbereiche im Körper nicht zu verlassen, müssen also Regulationsmechanismen existieren, die einen plötzlichen pH-Wert-Abfall oder -Anstieg verhindern bzw. in physiologischen Grenzen halten.

Bezeichnung	Bestandteile	Offen/geschlossen	Anteil an der Gesamtkapazität
Bicarbonat-Puffer	HCO_3^- / H_2CO_3	offen (Lunge)	~ 75%
Nicht-Bicarbonat-Puffer			
- Hämoglobin-Puffer	$[Hb\cdot O_2]^-$ / $[Hb\cdot O_2]\cdot H$	Geschlossen	
- Plasmaprotein-Puffer	Proteinat$^-$ / Protein	Geschlossen	~ 25%
- Phosphat-Puffer	HPO_4^{2-} / $H_2PO_4^-$	Geschlossen	

Tab. 2: *„Übersicht der Blutpuffersysteme"* (eigene Darstellung nach [23])

Es gibt Mechanismen zur pH-Regulation, die innerhalb von Zellen, also intrazellulär wirksam werden und solche, die sich außerhalb der Zellen, also extrazellulär, befinden. Da kaum Möglichkeiten existieren, die Wirkung zellulärer Bestandteile auf den pH-Wert zu messen, ist über intrazelluläre Puffersysteme kaum etwas bekannt. Als Indikator für den extrazellulären pH-Zustand wird das Blut herangezogen. Die Blutpuffersysteme zur pH-Regulation können in zwei Obergruppen eingeteilt werden. Zum einen den Bicarbonat-Puffer, der mit circa 75% der Gesamtpufferleistung am wichtigsten ist und zum anderen drei weitere Puffer, die unter dem

---

[3] Fleisch, Fisch und Eier werden gemieden; Ernährung besteht aus pflanzlichen Nahrungsmitteln sowie Milch und Milchprodukten [1].

Begriff Nicht-Bicarbonat-Puffer zusammengefasst werden und etwa 25% der Gesamtpufferleistung ausmachen (Tabelle 2) [23].

Der **Bicarbonat-Puffer** besteht aus Kohlensäure und Hydrogencarbonat. Ein saures Endprodukt des Stoffwechsels ist Kohlendioxid (CO_2), welches im Körper teilweise mit Wasser reagiert, wodurch Kohlensäure (H_2CO_3) entsteht. Diese kann wiederum spontan in ein Proton und ein Hydrogencarbonat (HCO_3^-) zerfallen und so den pH-Wert des Blutes beeinflussen [5]:

$$CO_2 \ + \ H_2O \ \leftrightarrow \ H_2CO_3 \ \leftrightarrow \ H^+ \ + \ HCO_3^-$$

Kohlendioxid WasserKohlensäure   Wasserstoffproton   Hydrogencarbonat

Gelangen nun durch Stoffwechselvorgänge Protonen ins Blut, sinkt die Zerfallsrate der Kohlensäure und somit auch die Entstehung freier Protonen. Diese bleiben in der Vorstufe, der Kohlensäure, gebunden und die Protonen aus dem Stoffwechsel bewirken keine Absenkung des pH-Wertes (Abbildung 3).

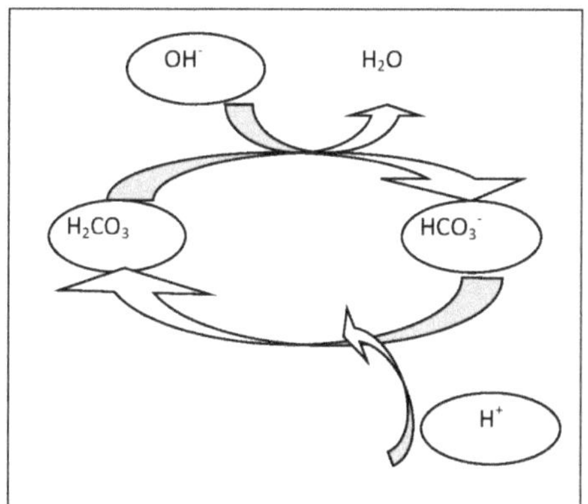

Abb. 3: *„Pufferwirkung des Bicarbonatpuffers"*

(eigene Darstellung)

Auch ein Zuviel an Hydroxid-Ionen, das basische Auswirkungen auf den Blut-pH-Wert hätte, kann auf diese Weise abgefangen werden [5]. Das Bicarbonat-System ist ein offenes System; es ist durch regulierte Kohlendioxid-Abgabe über die Lunge sowie Protonen-Ausscheidung über die Niere als einziges Blutpuffersystem in der Lage, sich zu regenerieren. Die Lunge ist zu einer kompensatorischen Atemregulation, also einer Anpassung der Lungenleistung, fähig.

Eine gesteigerte Konzentration von Kohlendioxid im Blut, verursacht durch einen angestiegenen Protonengehalt im Plasma, signalisiert der Lunge das Atemvolumen zu erhöhen. Dadurch steigert sich der Gasaustausch und die Kohlendioxidkonzentration fällt. Eine herabgesetzte Konzentration von Kohlendioxid, verursacht durch einen gesunkenen Protonengehalt im Plasma, signalisiert der Lunge dagegen das Atemvolumen zu senken. Durch den dadurch verringerten Gasaustausch wird die Kohlendioxidkonzentration angehoben. Die Regeneration des Bicarbonatpuffers durch die Lunge kann in wenigen Minuten erfolgen, die Wasserstoffprotonenbilanz bliebt jedoch unverändert, da keine Ausscheidung stattgefunden hat [23]. Dies kann nur über die Niere, also renal, durch Wasserstoffprotonensekretion geschehen. Im Nierengewebe wird aus Kohlendioxid und Wasser enzymatisch Kohlensäure regeneriert, welche anschließend teilweise zu Hydrogencarbonat und einem Wasserstoffproton dissoziiert. Dieses wird entweder direkt in das renale Kanalsystem abgegeben oder gegen im Primärharn enthaltene Natrium-Ionen ausgetauscht und schließlich als Ion oder an Ammoniak gebunden als Harnstoff durch den Harn ausgeschieden [4]. Die Ausscheidung von großen Mengen an Wasserstoffprotonen kann jedoch nicht auf ein Mal erfolgen, da die Anreicherung des Harns mit Wasserstoffprotonen nur bis zu einem Urin-pH-Wert von etwa 4,5 möglich ist [11].

Zusätzlich vorhandene Puffersysteme sind von geringerer Bedeutung und werden deshalb in der Literatur oft als **Nicht-Bicarbonat-Puffer** zusammengefasst. Es handelt sich hierbei um geschlossene Systeme. Einen großen Anteil der Nicht-Bicarbonat-Puffer macht das Hämoglobin aus, das zwecks Sauerstoff- und Kohlendioxidtransport Bestandteil der roten Blutkörperchen, den Erythrozyten, ist. Wenn das oxygenierte Hämoglobin den Sauerstoff an ein Gewebe abgibt, wird das nun desoxygenierte Hämoglobin alkalischer und nimmt zum Ausgleich Protonen auf. Diese gibt es bei erneuter Beladung mit Sauerstoff im Lungengewebe wieder ab und es entstehen nach bekanntem Prinzip vermehrt Kohlendioxid und Hydrogencarbonat [8]:

$$\text{Hb·H} \;+\; \text{H}_2\text{0} \;\leftrightarrow\; \text{H}_3\text{O}^+ \;+\; \text{Hb}^-$$

Hämoglobin   Wasser   Oxonium-Ion Hämoglobin
mit Wasserstoffproton

Einen weiteren Teil des Blutpuffersystems bilden die *Plasmaproteine*. Sie wirken wegen ihres amphoteren Charakters als Puffer. Sie können je nach Umgebung sowohl als Säure als auch als Base wirken, denn auf Grund der zwei funktionellen Gruppen ist eine Aminosäure gleichzeitig Säure (Carboxylgruppe OH⁻) und Base (Aminogruppe NH_2). Auch der *Phosphatpuffer* zählt zum Nicht-Bicarbonat-Puffer, besitzt aber auf Grund seiner niedrigen Konzentration im Blut nur eine sehr geringe Pufferwirkung. Das hierbei basisch wirkende Phosphat-Ion stammt aus den Knochen [5]:

$$H_2PO_4^- \quad \leftrightarrow \quad H^+ \quad + \quad HPO_4^{2-}$$

Dihydrogenphosphat-Ion   Wasserstoffproton   Hydrogenphosohat-Ion

Die verschiedenen Systeme zur Regulation des pH-Wertes unterscheiden sich auch hinsichtlich ihrer Regulationsgeschwindigkeit. Alle Puffer des extrazellulären Raums wie z.B. der Bicarbonat-Puffer werden innerhalb von Sekunden wirksam, die Regulation über die Lunge benötigt einen Zeitraum von wenigen Minuten. Intrazelluläre Puffer brauchen etwa 2-4 Stunden, um den pH-Wert wieder auf ein normales Niveau zu regeln und die renale Säureausscheidung reagiert nach einigen Stunden bis Tagen [4].

2.2.2 Pathologische Störungen

Die vorhandenen Puffersysteme reichen aus, um den Körper bei normaler oder auch gesteigerter Belastung mit Säuren oder Basen im Gleichgewicht zu halten. Kommt es jedoch zu extremsten Belastungen oder treten Störungen bei einem Bestandteil des Gesamtpuffersystems auf, z.B. bei der Lunge, kann es passieren, dass die gesamte Pufferkapazität ausgeschöpft oder auch überschritten wird. Derartige Entgleisungen des Säure-Basen-Gleichgewichts können entweder eine säuernde oder alkalisierende Wirkung auf den Körper haben und werden demnach unterteilt in Azidosen mit einem arteriellen Blut-pH-Wert kleiner als 7,37 und Alkalosen mit einem arteriellen Blut-pH-Wert größer als 7,43 [5]. Allgemein formuliert ist eine Azidose „... *ein klinischer Zustand, der durch Säurezunahme oder Basenverlust gekennzeichnet ist...*" und eine Alkalose „... *ein klinischer Zustand, der durch Basenzunahme oder Säureverlust gekennzeichnet ist...*" ([22] S. 43). Dabei können je nach Ursache metabolische und respiratorische Alkalosen bzw. Azidosen unterschieden werden. Metabolische Entgleisungen können durch Stoffwechselstörungen, eine gestörte Nierenfunktion oder durch Aufnahme extrem sauer oder basisch wirkender Substanzen verursacht werden [5]. Die pH-Wert-Änderung erfolgt hier primär durch Schwankungen der Hydrogencarbonat-Konzentration [9]. Respiratorische Azidosen bzw. Alkalosen dagegen entstehen durch eine Veränderung der alveolaren Ventilation, also der Atmung [5]. PH-Wert-Änderungen sind hierbei Folge eines veränderten CO_2-Partialdrucks, vereinfacht ausgedrückt einer Veränderung seiner Konzentration im Blut (Tabelle 3) [9].

Störung	Blut-pH-Wert	[HCO$_3^-$]	[CO$_2$]
Metabolisch:			
- Azidose	↓	↓	↓
- Alkalose	↑	↑	↑
Respiratorisch:			
- Azidose	↓	↑	↑
- Alkalose	↑	↓	↓

Tab. 3: *„Auswirkungen von Störungen des Säure-Basen-Gleichgewichts im Blut"* (nach [5])

Bei einer **metabolischen Azidose** nimmt entweder die Hydrogencarbonat-Konzentration ab oder es werden zu wenige Wasserstoffprotonen eliminiert. Sobald die Blutpufferkapazität den Ausgleich nicht mehr herstellen kann, wird die Atemfrequenz erhöht (Hyperventilation) und bei anhaltender Säurebelastung erfolgt eine gesteigerte Ausscheidung von Wasserstoffprotonen über die Niere. Da die Niere nur relativ langsam reagiert, kann der Blut-pH-Wert bis unter 7,2 sinken, was zu erheblichen Beeinträchtigungen bis Schädigungen von Gewebestrukturen und so schließlich zum Tod führen kann. Ursachen für eine metabolische Azidose können unter anderem eine durch Hunger oder erhöhten Fettstoffwechsel verursachte Ketoazidose, z.B. bei nicht eingestelltem Diabetes mellitus oder eine Lactatazidose sein, verursacht durch Sauerstoffmangel in Geweben, z.B. bei Herzstillstand, Anämien oder schwerer körperlicher Anstrengung sein. Bei einer renal-tubulären-Azidose werden durch Funktionsstörungen der Niere zu wenig Wasserstoffprotonen ausgeschieden oder es geht durch Erbrechen und Durchfall zu viel Hydrogencarbonat verloren [9]. Außerdem kann durch ein Überangebot von freiem Wasser eine sogenannte Verdünnungsazidose auftreten [14].

Bei einer **metabolischen Alkalose** steigt entweder die Hydrogencarbonat-Konzentration an oder es werden zu viele Wasserstoffprotonen ausgeschieden. Der Körper versucht mit Hilfe der Puffersysteme, einer erniedrigten Atemfrequenz (Hypoventilation) und durch renale Ausscheidung von Hydrogencarbonat den pH-Wert konstant zu halten. Ursache kann ein Protonenverlust durch z.B. Kaliummangel, Erbrechen oder vermehrte Ausscheidung über die Nieren als Folge von Diuretica sein. Beim sogenannten Milchalkali-Syndrom, bei welchem der Betroffene mehrere Liter Milch pro Tag zu sich nimmt, ist die Ursache ein Hydrogencarbonat-Anstieg [9].

Bei einer **respiratorischen Azidose** kann sich der Bicarbonatpuffer nicht durch Kohlendioxidabgabe über die Lungen regenerieren. Die über die Kapazität der

Blutpuffersysteme hinausgehenden Wasserstoffprotonen können somit nur durch die langsam arbeitende Niere kompensiert werden. Ursache für eine eingeschränkte Lungenfunktion kann ein verminderter Atemantrieb, verursacht durch Lähmung, Meningitis, Medikamenteneinwirkung oder ein Schädel-Hirn-Trauma sein oder eine Verminderung des aktiven Lungengewebes auf Grund einer schweren Pneumonie oder Tuberkulose [9].

Bei einer **respiratorischen Alkalose** fällt der Kohlendioxid-Gehalt des Blutes durch eine Überfunktion der Lunge relativ schnell ab, da sich auch hier das Bicarbonatsystem nicht regenerieren kann und die Niere scheidet zwecks Kompensation vermehrt Hydrogencarbonat aus bzw. hält Wasserstoffprotonen zurück. Ursachen für eine gesteigerte Lungentätigkeit (Hyperventilation) können psychische Störung, Störungen des zentralen Nervensystems (ZNS) oder eine reflektorische Stimulation der Lunge durch eine Lungenembolie sein [9].

Außer den von der Schulmedizin anerkannten Entgleisungen des Säure-Basen-Gleichgewichts kennt die Naturheilkunde noch eine weitere, auf einer Arbeit von Friedrich F. SANDER basierende Erkrankung: die **latente Azidose** oder auch Gewebsazidose. Grundlage hierfür ist die Annahme, dass Gewebe, vor allem Bindegewebe, Säuren ansammeln kann und diese Übersäuerung nicht ausreichend durch eine Untersuchung des Blut-pH-Wertes bestimmt werden kann, da der pH-Wert nur das relative Verhältnis nicht aber die absolute Menge an Molekülen angibt, die Wasserstoffprotonen abfangen können. In Kapitel 2.1 wird auf den Begriff der latenten Azidose und der damit einher gehenden Ansicht über den Säure-Basen-Haushalt von Friedrich F. SANDER näher eingegangen [9].

3   Beeinflussung durch die Ernährung

3.1   Der Säure-Basen-Haushalt nach Friedrich F. SANDER

Die wissenschaftliche Grundlage des naturheilkundlichen Verständnisses vom Säure-Basen-Haushalt ist das von Friedrich F. SANDER 1953 veröffentlichte Buch *„Der Säure-Basenhaushalt des menschlichen Organismus“*, in dem der Biochemiker und Arzt sein auf der Grundlage der Ergebnisse des schwedischen Ernährungswissenschaftlers und Chemikers Ragnar BERG von 1920 und durch eigene Forschung an Patienten entwickeltes Konzept zum Säure-Basen-Haushalt darstellt sowie seine eigene Messmethode zur Ermittlung des mengenmäßigen Säure-Basen-Status vorstellt. Im Folgenden werden auf Grundlage seines

Buches [24] die wesentlichen Unterschiede von SANDERs Konzept zur schulmedizinischen Ansicht aufgezeigt.

In seinem Buch beschreibt SANDER die Fähigkeit des Blutes zur **Pufferung** als ein ständiges Vorhandensein einer gewissen Menge von Natriumhydrogencarbonat ($NaHCO_3$) im Blut. Aus normalem Stoffwechselgeschehen entstandene Säuren können mit dessen Hilfe transportiert werden, jedoch können keine große Mengen an Säure gleichzeitig aufgenommen werden.

Des Weiteren fand SANDER durch Harnuntersuchungen heraus, dass im Körper zusätzlich sogenannte **Basenfluten**, eine zweitweise Freisetzung großer Mengen von Natriumhydrogencarbonat,   stattfinden. Als Ursache hierfür entwickelte er den Kochsalzkreislauf, in welchem die Produktion von Salzsäure in den Belegzellen des Magens als Auslöser dieser Basenfluten angegeben wird (Abbildung 4).

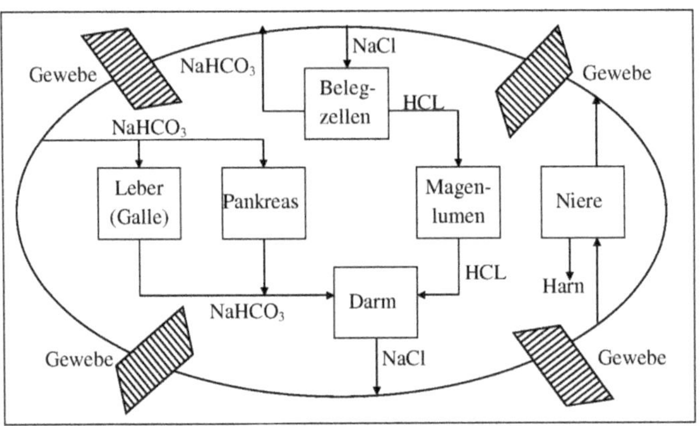

Abb. 4: *„Kochsalzkreislauf nach SANDER"* ([24], S.27)

Die Belegzellen spalten Natriumchlorid (NaCl, Kochsalz) und produzieren aus den Spaltprodukten mit Hilfe von Wasser und Kohlendioxid aus dem Blut Salzsäure (HCl) und Natriumhydrogencarbonat. Die Salzsäure wird in das Magenlumen sezerniert und mit dem Nahrungsbrei vermischt, das Natriumhydrogencarbonat jedoch gelangt über das Blut zu Leber, bzw. Galle und Bauchspeicheldrüse, wo es zur Produktion von basischen Verdauungssäften wie Pankreassekret und Gallenflüssigkeit benötigt wird. Diesen Strom von Natriumhydrogencarbonat über die normale Konzentration hinaus zu den Organen bezeichnet SANDER als Basenflut. Die Verdauungssäfte werden dann in den Darm abgegeben und neutralisieren die mit dem Nahrungsbrei eingeführte Salzsäure. Das entstandene

Natriumchlorid gelangt wieder in den Blutkreislauf und kann bei der nächsten Mahlzeit erneut zur Salzsäure- bzw. Natriumhydrogencarbonatbildung genutzt werden.

SANDER postuliert in seinem Buch auch eine **Filterfunktion des kollagenen Bindegewebes** als Vorniere, d.h. alles, was in die Organe hinein gelangen soll, muss zuerst das Bindegewebe durchströmen. Hierbei bleiben stark saure Moleküle durch physikalisch-chemische Eigenschaften im Bindegewebe haften. Diese können nur bei einem Überschuss an basischen Molekülen, also einem Überfluss an Natriumhydrogencarbonat bei einer Basenflut, wieder gelöst, zur Niere transportiert und schließlich ausgeschieden werden. Im Bindegewebe kann das Blut Säuren deponieren, um seinen Natriumhydrogencarbonat-Puffer wieder zu regenerieren. Das die Basenfluten durch die Ernährung bestimmt werden, hat SANDER in einem Selbstversuch durch Fasten mit Hilfe seines Harnmessverfahrens ermittelt. Seine Beobachtung war, dass die Basenfluten von Tag zu Tag kleiner wurden und er zog daraus den Schluss, dass sie von der Ernährung beeinflusst werden. Ist die Ernährung kontinuierlich säurebildend, sammeln sich die sauren Moleküle, die Schlacken, im Bindegewebe an, da das Blut nicht viele Säuren aufnehmen kann und die Niere nur sehr langsam arbeitet. Es entsteht eine **latente Azidose**, d.h. eine Übersäuerung des Bindegewebes. *„...Im Gegensatz zum physiologischen Kochsalzkreislauf ist beim pathologischen Kochsalzkreislauf die Menge der vom Gewebe adsorbierten Säure [...] größer als es der Menge des durch die Basenflut zur Verfügung stehenden Natr.bicarb.[4] entspricht ...“* ([24], S. 71f). Die überschüssigen Säuren werden eingelagert und beeinflussen somit den Blut-pH-Wert nicht. SANDER bezeichnet diese eingelagerten Säuren auch als Schlacken. Der deutsche Arzt Michael WORLITSCHEK beschrieb 2003 die latente Azidose als eine *„ ... kompensatorische Minderung der Pufferbasen ohne Änderung des pH-Wertes ...“* ([27], S. 10), bei welchem sich jedoch die Säuredepots schon mit sauren Bestandteilen füllen. Vor jeder schulmedizinisch definierten Azidose muss demnach eine latente Azidose vorgelegen haben, denn erst wenn die Speicherfähigkeit des Bindegewebes erschöpft ist, können die Blutpuffer überlastet werden und so eine Erniedrigung des Blut-ph-Wertes zulassen.

SANDER gibt in seinem Buch zwei Hauptursachen für eine latente Azidose an: *„ ... erstens können sie [die latenten Azidosen] exogen durch Basen-Unterernährung entstanden sein, und zweitens endogen durch pathologische Säurebildung im Organismus...“* ([24], S. 98). Pathologische, also durch einen krankhaften Zustand geförderte Säurebildung, kann z.B. durch eine Herz- oder Stoffwechselkrankheit verursacht werden und ist meist Vorläufer einer

---

[4] Natriumbicarbonat; veralteter Ausdruck für Natriumhydrogencarbonat

manifesten Azidose mit Blut-pH-Wert-Absenkung. Eine Basen-Unterernährung kommt zustande, wenn die Ernährung längerfristig sehr eiweißlastig und arm an vegetarischen Bestandteilen wie Obst und Gemüse ist, da aus dem Abbau von Eiweiß saure Endprodukte entstehen. Pflanzliche Nahrungsbestandteile liefern jedoch eine große Menge an basisch wirkenden Mineralstoffen. Wird eine latente Azidose durch Zufuhr basenbildender Kost therapiert, zeigen sich zunächst kaum Veränderungen im pH-Wert des Harns, da das Bindegewebe kontinuierlich die angesammelten Säuren abgibt und die Niere die zu ihrer Neutralisation benötigten Carbonate rückresorbiert. Somit wird der Harn sauer bleiben, bis das Bindegewebe einigermaßen regeneriert worden ist und die ausscheidungspflichtigen Wasserstoffprotonen durch basische Moleküle gebunden und somit pH-neutral ausgeschieden werden können. Erst wenn das Bindegewebe vollständig von Säuren befreit ist, wird sich der Harn-pH wesentlich oberhalb eines leicht alkalischen Wertes einpendeln. SANDER geht nicht weiter auf eine basisch ausgerichtete Ernährungsform oder auf die Wirkung einzelner Lebensmittel auf den Säure-Basen-Haushalt ein. Statt dessen befürwortet und praktiziert er eine Therapie, die auf einer lacto-vegetabilen Ernährung aufgebaut ist und durch zusätzliche Gaben von mineralstoffreichen Pulvern, vor allem Natriumhydrogencarbonat, ergänzt wird.

3.2 Säuren und Basen in der Nahrung

Grundlage des naturheilkundliche Ansatzes ist, wie bereits in Kapitel 2.1 erwähnt, das Werk des schwedischen Chemikers Ragnar BERG von 1920 *„Die Nahrungs- und Genußmittel"*, in dem er sich mit den Mineralstoffen an sich und mit dem **Mineralstoffgehalt** von Lebensmitteln auseinandersetzt. BERG fand heraus, dass eine Ernährung mit zu der Zeit als gesund angesehenen Lebensmitteln einen - im Verhältnis zu den „sauren" Mineralstoffen (Phosphor, Chlor und Schwefel) - hohen Gehalt an den „basischen" Mineralstoffen (Kalium, Calcium, Natrium, Magnesium und Eisen) aufweist, wobei als basisch alle Mineralstoffe bezeichnet werden, die im Körper vorkommen und Säuren durch Salzbildung neutralisieren können. BERG veröffentlichte in seinem Buch Lebensmitteltabellen, in denen er Nahrungsmittel gemessen an ihrem Anteil an basischen und sauren Mineralstoffen als basisch oder sauer bezeichnet [21].

Auf Grundlage dieser Erkenntnisse und weiterer Untersuchungen entwickelte SANDER 1953 in seinem Buch *„Der Säure-Basen-Haushalt des menschlichen Organismus"* ein Model des Säure-Basen-Haushalts und prägte den Begriff der latenten Azidose (siehe Kapitel 2.1). Der praktizierende Arzt therapierte seine Patienten durch eine basische Ernährung und bei stärkerer Übersäuerung durch zusätzliche Gabe von basischen Mineralstoffpräparaten, da er der Meinung war, dass „... *Azidosen neben dieser* [basischen] *Kost* [...] *stets auch die Zufuhr von fixen Basen in Form von organischen oder anorganischen Salzen* ..." ([24], S.100) erfordern. In seiner Abhandlung geht er jedoch nicht weiter auf die Einteilung von Lebensmitteln als sauer oder basisch ein.

Auch Norbert MESSING greift in seinem Buch „*Die Säure-Basen-Balance*" von 2004 den Ansatz von BERG auf und aktualisiert dessen Angaben bezüglich der einzelnen Mineralstoffe auf Grundlage aktueller Lebensmitteltabellen sowie der Auswahl der einzelnen Lebensmittel (Tabelle 4).

Banane	Differenz: + 314 mg				
+++	**K** 420 mg	**Ca** 8 mg	**Na** 3 mg	**Mg** 31 mg	**Fe** 1 mg
- - -	**P** 28 mg	**Cl** 109 mg	**S** 12 mg		
Putenfleisch	Differenz: - 130 mg				
+++	**K** 315 mg	**Ca** 8 mg	**Na** 66 mg	**Mg** 28 mg	**Fe** 1 mg
- - -	**P** 212 mg	**Cl** 106 mg	**S** 230 mg		
Roggen	Differenz: - 19 mg				
+++	**K** 439 mg	**Ca** 23 mg	**Na** 2 mg	**Mg** 83 mg	**Fe** 3 mg
- - -	**P** 362 mg	**Cl** 73 mg	**S** 134 mg		

Tab. 4: *„Beispiele für die Bewertung von Lebensmitteln anhand ihres Mineralstoffgehalts"* (Auszug aus [21], S.58ff)

In seinen Tabellen gibt er den Gehalt an basischen Mineralstoffen (+++), also Kalium (K), Calcium (Ca), Natrium (Na), Magnesium (Mg) und Eisen (Fe) und an sauren Mineralstoffen (- - -), also Phosphor (P), Chlor (Cl) und Schwefel (S) an. Außerdem gibt MESSING den Differenzwert (D) aus der Summe der basischen und der Summe der sauren Mineralstoffe an. Ist er positiv, überwiegen die basischen Mineralstoffe; bei negativen Werten gilt das Lebensmittel als sauer, wie z.B. Putenfleisch [21]:

D = (mg **K** + mg **Ca** + mg **Na** + mg **Mg** + mg **Fe**) – (mg **P** + mg **Cl** + mg **S**)

 = (315 + 8 + 66 + 28 + 1) – (212 + 106 + 230)

 = 418 – 548

 = <u>- 130</u>

Der Allgemeinmediziner Dr. Michael WORLITSCHEK erweitert in seinem Buch „*Die Praxis des Säure-Basen-Haushaltes – Grundlagen und Therapie*" von 2003 die Beurteilung von Lebensmitteln hinsichtlich ihrer Wirkung auf den Säure-Basen-Haushalt. Zusätzlich zum reinen Mineralstoffgehalt eines Lebensmittels ist nach WORLITSCHEK die Art der im natürlichen Nahrungsmittel vorkommenden Säuren wichtig. Er unterteilt die Säuren in **organische Säuren**, die eine Carboxylgruppe (COOH) enthalten wie z.B. Zitronensäure und anorganische Säuren, wie z.B. Phosphorsäure, da sie eine unterschiedliche Wirkung auf den Säure-Basen-Haushalt ausüben. Von den Carboxylgruppen der organischen Säuren kann im Körper Kohlendioxid abgespalten werden, welches dann über die Lungen abgegeben werden kann; der verbleibende Basenanteil wird im Körper freigesetzt und kann hier zur Neutralisation anderer Säuren genutzt werden. Der Säure-Basen-Haushalt wird also durch organische Säuren nicht mit Säuren, sondern indirekt mit Basen beliefert. Das ist auch der Grund, warum z.B. Früchte trotz eines relativ hohen Säuregehalts zu den basischen Lebensmitteln gezählt werden [27]. Die Aminosäuren Methionin und Cystein, die durch ihre Carboxylgruppe ebenfalls zu den organischen Säuren zählen, wirken dagegen wegen des enthaltenen Schwefels säuernd, da dieser nur durch Neutralisation mit basischen Mineralstoffen über die Niere ausgeschieden werden kann [9].

Als **anorganische Säuren** bezeichnet WORLITSCHEK die Mineralsäuren Salz-, Schwefel- und Phosphorsäure. Diese Säuren können kein Kohlendioxid abgeben, der Säureanteil kann also nicht „veratmet" werden, sondern muss - chemisch durch basisch wirkende Elemente wie z.B. Natrium gebunden - über die Niere als Harnsalz ausgeschieden werden. Da diese Säuren dem Körper basische Substanzen entziehen, werden Nahrungsmittel, die anorganische Säuren enthalten, die also sauer sind oder bei deren Verdauung Säuren entstehen auch als Basenräuber bezeichnet [27].

Zusammenfassend kann gesagt werden, dass die **Einteilung von Lebensmitteln** in sauer und basisch laut WORLITSCHEK „*...aufgrund der Schätzung der intestinalen Absorption[5] der für den Säure-Basen-Haushalt wesentlichen Nahrungsbestandteile und ihres Stoffwechsels im Körper...*" ([27], S. 96) erfolgt, also nach der Wirkung der durch ihre Verdauung entstandenen Moleküle bzw. Ionen und nicht nach dem pH-Wert des ursprünglichen Lebensmittels. Um ein Lebensmittel als basisch oder sauer einstufen zu können, müssen folglich sowohl der Eiweiß-,

---

[5] [intestinale Absorption = Übertritt von Substanzen aus dem extrazellulären Darmlumen in den Intrazellulärraum]

der Mineralstoff- als auch der Säuregehalt nicht nur der Menge sondern vor allem der genauen Zusammensetzung und Wirkungsweise nach berücksichtigt werden (Tabelle 5) [19].

Inhaltsstoffe	Wirkung im Körper	
	BASISCH	SAUER
Schwefelhaltiges Eiweiß	Geringer Gehalt	Hoher Gehalt
Mineralstoffe	Überwiegend basische	Überwiegend saure
Säuren	Überwiegend organische	Überwiegend anorganische

Tab. 5: *„Kriterien zur Einteilung von Lebensmitteln in sauer und basisch"*
(eigene Darstellung)

Basisch sind Lebensmittel, wenn sie entweder hauptsächlich organische Säuren und nur wenige anorganische Säuren enthalten, wenn kaum schwefelhaltige Eiweiße vorhanden sind und wenn sie einen hohen Gehalt an basischen Mineralstoffen vorweisen können. Hierzu gehören die meisten Obst- und Gemüsesorten; aber auch Milch ist trotz der enthaltenen Eiweiße durch den hohen Calciumgehalt als leicht basisches Lebensmittel anzusehen. Beinhaltet ein Lebensmittel hauptsächlich anorganische Säuren, ist es relativ arm an basischen bzw. reich an säuernden Mineralstoffen und sind viele vor allem schwefelhaltige Eiweiße vorhanden, wirkt es sich im Körper säuernd aus. Hierzu gehören durch den hohen Eiweißgehalt vor allem Fisch, Fleisch und Fleischprodukte sowie Milchprodukte. Diese weisen durch den bei der Verarbeitung erfolgten Wasserentzug eine hohe Eiweißkonzentration auf. Stark verarbeiteten Lebensmitteln wie z.B. Wurstwaren oder Schmelzkäse sind außerdem meist sauer wirkende Zusatzstoffe wie z.B. Phosphate zugesetzt worden. Auch Getreide gehört durch seinen relativ hohen Phosphatgehalt zu den sauren Lebensmitteln. Wichtig ist, dass ein Lebensmittel desto weniger Mineralstoffe enthält, je mehr es verarbeitet ist. Vollgetreide z.B. wirkt sich durch seinen vergleichsweise hohen Mineralstoffgehalt weit aus weniger säuernd aus als ausgemahlenes Mehl. Öle sind reine Fette ohne Eiweiß- und Mineralstoffbestandteile und wirken auf den Säure-Basen-Haushalt weder sauer noch basisch; sie werden deshalb als neutrale Lebensmittel bezeichnet. Im Anhang dieser Arbeit sind einige ausgewählte Nahrungsmittel mit ihrer Auswirkung auf den Säure-Basen-Haushalt in einer Liste zusammengestellt (Anlage).

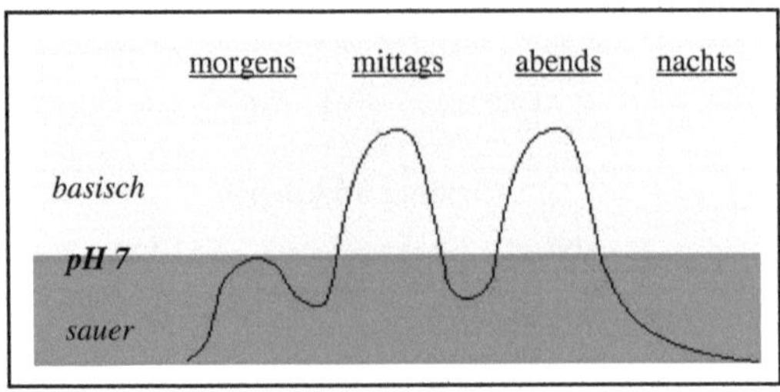

Abb. 5: *„Schematisch dargestellter Urin-pH-Verlauf bei basischer Ernährung"*
(eigene Darstellung nach [27])

Nach WORLITSCHEK ist bei einer basischen Ernährung der **Urin-pH-Wert** morgens sauer, da nachts auf Grund fehlender Nahrungsaufnahme keine Basenfluten entstehen können. Am frühen Vormittag sollte sich der pH-Wert um 7 bewegen, da die durch das Frühstück verursachte Basenflut zuerst die sauren Ansammlungen in den Geweben, die Schlacken, neutralisieren muss und sich so nicht vollständig als basischer Einfluss im Urin bemerkbar machen kann. Vor dem Mittagessen ist die vom Frühstück verursachte Basenflut abgeebbt, der Urin wieder sauer. So setzt sich der Rhythmus über den Tag hinweg fort (Abbildung 5) [27].

3.3   Trennkost nach HAY als Beispiel einer basischen Ernährungsform

Der Begriff der HAYschen Trennkost geht zurück auf den amerikanischen Arzt Dr. Howard HAY, dessen Theorie in Deutschland vom Ehepaar Ludwig und Ilse WALB weiterverbreitet wurde. HAY stellte in seinen Büchern *„A new health era"* und *„How to be always well"* von 1933 seine Trennkosttheorie vor, die besagt, dass eine gleichzeitige Aufnahme von konzentriert eiweißhaltigen und konzentriert kohlenhydrathaltigen Lebensmitteln unnatürlich und schädlich ist. HAY hatte sich zuvor selbst durch eine komplett umgestellte Ernährung von seinem als unheilbar geltenden Nierenleiden geheilt. Den Anstoß zu einer Ernährungstherapie lieferte ihm eine Forschungsarbeit von Robert MacCarrison über die natürlichen Heilungskräfte von Naturvölkern im Himalaya, bei denen Zivilisationskrankheiten wie Magengeschwüre, Gicht, Rheuma oder Asthma nicht auftraten. HAY vermutete die Ursache in der aktiven Lebensweise dieser Völker und ihrer Ernährung, die aus Gemüsen, Früchten, Nüssen, Brot - aus vollem Korn gebacken -, Milch und Käse bestand. Deshalb stellte er seine Ernährung auf naturbelassene Nahrungsmittel um und aß nur noch so viel, wie er zur Lebenserhaltung benötigte. Mit diesem Konzept erreichte er seine vollständige Heilung und entwickelte darauf aufbauend seine Theorie der Trennkost, die im Folgenden kurz dargestellt werden soll [13].

Nach HAY sammeln sich durch falsche Ernährung im Körper Verdauungsrückstände an, die er als Säureendprodukte bezeichnet. Diese müssen sofort durch im Körper vorhandenen Basen neutralisiert werden, was auf Dauer die Basenreserve des Körpers erschöpft und zu Erkrankungen führt. Als falsche Ernährung bezeichnet HAY einen im Vergleich zum Bedarf viel zu hohen Eiweißverbrauch, den Verzehr von raffinierten und denaturierten Nahrungsmitteln wie Weißmehl und Zucker so wie die „ ... *Mißachtung der Gesetze der Chemie, die die Verdauung der Nahrung regeln.*" ([13], S. 15). Eiweiß kann im Körper nur unzureichend verbrannt werden und die verbleibenden Rückstände sammeln sich als Harnsalze an. Daraus entstehen dann schädliche Stoffe wie Harnsäure, Xanthin, Kreatin u.a., die den Körper übersäuern. Weißmehl, Zucker, Stärke und andere raffinierte Nahrungsmittel hinterlassen bei ihrer Verbrennung Kohlensäure im Blut, die jedoch keine schädigende Auswirkung hat. Aber sie enthalten keine basischen Elemente und bereiten so den Säurezustand vor. Besteht die Nahrung zum großen Teil aus solchen ballaststoffarmen Lebensmitteln wird der Darm träge und die Verdauung verzögert sich. Dies wiederum fördert die Gärung im Darm. HAY legt großen Wert auf die unterschiedliche Verdauung von Lebensmitteln. Er sagt, dass Enzyme zur Stärkeverdauung eine eher basische Umgebung benötigen, Eiweiß abbauende Enzyme jedoch eine saure. Werden Eiweiße und Kohlenhydrate zusammen verzehrt, können sie nicht optimal verdaut werden. Die Kohlenhydrate durchlaufen dann im Dünndarm durch die Wärme und die Feuchtigkeit eine Gärung und durch die unvollständige Verdauung der Eiweiße entstehen noch mehr Säureendprodukte. Die daraus insgesamt entstehende Übersäuerung sei die eigentliche Ursache vieler Krankheiten. Diese Ursache kann durch eine Umstellung und Ordnung der Ernährung beseitigt werden, denn „ ... *Je weniger Säuren wir bilden, um so weniger Basen werden von der Reserve gebraucht und um so besser wird unser Körper funktionieren ...*" ([13], S. 16).

Übersäuerung durch:	Trennkost:
▪ Unnatürliche, raffinierte, denaturierte Nahrungsmittel ▪ Zu viel konzentriert eiweiß- und kohlenhydrathaltige Nahrungsmittel ▪ Ballaststoffarme Ernährung ▪ Missachtung der unterschiedlichen Anforderungen von Lebensmitteln an die Verdauung	▪ Naturbelassene Nahrungsmittel ▪ Sparsame Verwendung von konzentriert eiweiß- und kohlenhydrathaltige Nahrungsmittel ▪ Ballaststofffreiche Ernährung ▪ Mahlzeiten entweder eiweiß- oder kohlenhydrathaltig

Tab. 6: *„Ursachen für eine Übersäuerung und Ansätze der Trennkost nach HAY"* (eigene Darstellung nach [13])

Durch eine Ernährung mit der HAYschen Trennkost soll einer Übersäuerung vorgebeugt bzw. eine vorliegende Übersäuerung therapiert werden. Dies geschieht zum einen durch die ausschließliche Verwendung von naturbelassenen Nahrungsmitteln und eine starke Einschränkung des Verzehrs von eiweiß- und kohlenhydratreichen Lebensmitteln. Nach HAY besteht der Körper aus 80% basischen und 20% sauren Elementen. Eine natürliche Ernährung sollte nach diesem Verhältnis ausgerichtet aus 80% basischen Lebensmitteln wie Obst und Gemüse bestehen und nur zu 20% aus eiweiß- oder kohlenhydratreichen und damit sauren Lebensmitteln.

Zum Anderen wird eine Übersäuerung verhindert durch eine ballaststofffreiche Ernährung, da diese die Darmtätigkeit fördert und so eine Gärung erschwert und durch die Anpassung der Mahlzeiten an die Verdauungsanforderungen der verschiedenen Lebensmittel. Das bedeutet: HAY fordert den Verzicht auf gleichzeitigen Verzehr von Eiweißen und Kohlenhydraten (Tabelle 6).

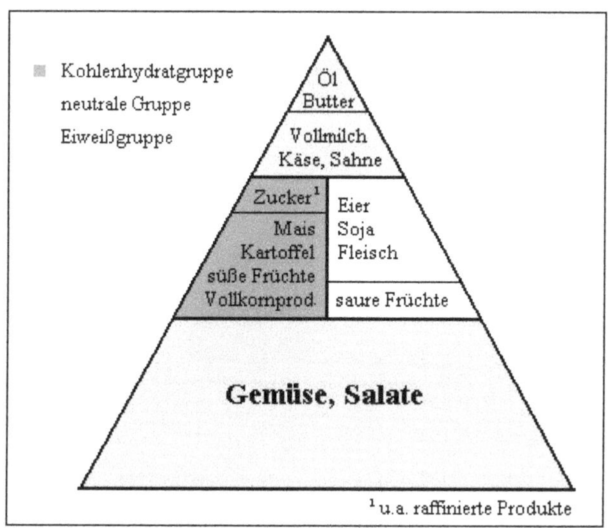

Abb. 6: *„Lebensmittelpyramide nach der HAYschen Trennkost"*

(eigene Darstellung nach [12], S.6)

In der Trennkost werden Lebensmittel der Eiweiß-, der Kohlenhydrat- oder der neutralen Gruppe zugeordnet. In der neutralen Gruppe sind vorwiegend basische oder neutrale Lebensmittel enthalten wie Gemüse, Obst und sehr fetthaltige Lebensmittel; in der Eiweiß- und der Kohlenhydratgruppe finden sich hauptsächlich saure Lebensmittel wieder, mit Ausnahme der sauren Früchte. Diese verringern durch ihren natürlichen Gehalt an Fruchtsäuren den pH- Wert und sollten daher nur mit im sauren Bereich zu verdauenden Eiweißen zusammen verzehrt werden und nicht mit im basischen Bereich zu verdauenden Kohlenhydraten.

Frühstück *„Müsli"*	Kohlenhydratmahlz eit
Zutaten:	
Weizenschrot, Banane, Rosinen, *(Kohlenhydratgruppe)*	
Haselnüsse, süße Sahne *(neutrale Gruppe)*	
Mittagessen: *„Hühnerbrustfilet auf gemischtem Salat"*	Eiweißmahlzeit
Zutaten:	
Hühnerbrust, Zitronensaft, Majonäse, *(Eiweißgruppe)*	
Möhren, grüne Paprika, Radicchio, Tomatenmark *(neutrale Gruppe)*	
Abendessen: *„Gefüllte Tomaten mit Pilzen auf Salat"*	Neutrale Mahlzeit
Zutaten:	
Tomaten, Blattsalat, Champignons, Doppelrahm- *(neutrale Gruppe)* Frischkäse, Butter, Essig, Kräuter	

Tab.7: *„Beispiel eines Tageskostplans nach der HAYschenTrennkost"*

(eigene Darstellung nach [13], S. 39; [12], S. 22 u. 30)

Mit Hilfe der Pyramidenform kann die Einteilung der Lebensmittel nach HAY sowie das angestrebte Mengenverhältnis von 20% sauren zu 80% basischen Lebensmitteln im Ansatz veranschaulicht werden (Abbildung 6). Mahlzeiten können entweder nur mit Lebensmitteln aus einer Gruppe gestaltet werden oder durch Kombinationen von Lebensmitteln der neutralen Gruppe mit Lebensmitteln aus der Kohlenhydrat- *oder* der Eiweißgruppe zusammengestellt werden. Ein Beispiel für einen Tag nach der HAYschen Trennkost findet sich in Tabelle 7. Das Frühstück besteht aus einer Kombination von Weizenschrot und Rosinen, also kohlenhydratreichen Lebensmitteln sowie Sahne, Haselnüssen und Banane, die alle Lebensmittel der neutralen Gruppe sind. Dieses Frühstück ist eine Kohlenhydratmahlzeit. Das Mittagessen besteht aus Hühnerfleisch und Zitronensaft, welche zur Eiweißgruppe gezählt werden sowie verschiedenen neutralen Lebensmitteln wie Gemüsen, Salat und Majonäse. Es ist also eine Eiweißmahlzeit. Das Abendessen besteht ausschließlich aus Lebensmitteln der neutralen Gruppe wie Tomaten, Salat, Champignons, Essig und Kräuter. Den Frischkäse zählt HAY wie Butter, Quark u.a. - wahrscheinlich auf Grund des hohen Fettgehalts - ebenfalls zur neutralen Gruppe. Durch das Fehlen einer Kohlenhydrat- oder Eiweißkomponente bleibt das Abendessen neutral.

3.3.1 Weitere Ernährungs- und Kurformen

Außer der HAYschen Trennkost gibt es noch weitere, weniger populäre Ernährungs- und Kurformen, die eine Übersäuerung des Körpers zugrunde legen. Durch verschiedene Ernährungsansätze sollen diese Säureüberschüsse abgebaut und ein zukünftiges Übersäuern verhindert werden.

Das Konzept der Säure-Basen-Balance nach Eva-Maria KRASKE bezieht außer der Ernährung auch die körperliche Aktivität und die Lebensweise mit ein. Nach KRASKE ist die Ursache für den zu hohen Säuregehalt der durchschnittlichen Ernährung ein Zuviel an Kohlenhydraten und Eiweiß und ein Zuwenig an pflanzlichen Bestandteilen. Großen Mengen an Zucker, Weißmehl und Fleisch stehen dabei kleinen Mengen an Gemüse und Obst gegenüber, was ein Missverhältnis von sauren zu basischen Lebensmitteln und somit eine chronische Übersäuerung verursacht. KRASKE befürwortet außerdem eine Trennung der Lebensmittel nach HAY, um eine vollständige Verdauung ohne Gärung im Darm zu gewährleisten. Außerdem wird zu wenig bzw. das Falsche getrunken. Die Nieren können nur durch eine ausreichende Flüssigkeitszufuhr von mindestens 1,5 Litern pro Tag ihrer Ausscheidungsfunktion optimal nachkommen. Dieser Bedarf wird normalerweise unterschritten oder durch sauer wirkenden Kaffee, gezuckerte Obstsäfte, alkoholische Getränke und Limonaden statt basenreichem Mineralwasser gedeckt [16].

Auch ausreichende Bewegung ist notwendig, um eine Übersäuerung zu verhindern. Körperliche Aktivität regt den gesamten Organismus an. Das Herz-Kreislauf-System, das Binde- und Stützgewebe, die Haut und die Lungen werden angeregt und gestärkt, der Darm mobilisiert. So kann die Lunge Kohlendioxid abatmen und der Abtransport von Säuren gefördert werden. Durch Schwitzen werden weitere Schlacken ausgeschieden. Gewarnt wird jedoch vor einer Überanstrengung der Muskeln wegen der dabei entstehenden Mengen an Milchsäure durch die anaerobe Verbrennung von Glucose [16].

Der Säure-Basen-Haushalt kann auch durch die Lebensweise beeinflusst werden, sowohl negativ als auch positiv. Stress und Anspannung führen zu Seelentröstern wie Süßigkeiten, Alkohol und Zigaretten und durch die ständige Zeitnot wird eine zusätzliche Fehlernährung durch schnell zubereitetes Essen wie Tiefkühlkost oder Konservenmahlzeiten gefördert. Eine ausgeglichene, positive Lebenseinstellung mit Zeit für Entspannungen wie Massagen und Autogenem Training ist dagegen die Grundlage für die Einhaltung der Säure-Basen-Balance [16].

Keine Ernährungsform, sondern ein naturheilkundliches Kurverfahren zur Sanierung des Darms entwickelte der österreichische Arzt Dr. Franz Xaver MAYR, der von 1875 bis 1965 lebte. MAYR war der Meinung, dass die biologische Kraft des Menschen aus den Verdauungsorganen kommt und dass der Verdauungstrakt somit das Zentralorgan der biologischen Kraft, der Energie und der Gesundheit des Menschen ist. Vieles Essen überlastet die Verdauungsorgane, lässt den Menschen krank werden und vorzeitig altern. Chronische Ernährungsfehler führen zu Verdauungs- und Stoffwechsel-schäden. Die Folge ist eine Übersäuerung und Verschlackung des gesamten Körpers. Die Darmreinigungs- und Regenerationskur nach MAYR soll den vorbelasteten Verdauungsapparat heilen und seine volle Leistungsfähigkeit wieder herstellen. Die mindestens über drei Wochen unter Aufsicht eines speziell ausgebildeten MAYR-Arztes durchzuführende Kur besteht aus den vier Phasen Schonung, Säuberung, Schulung und Substitution [30].

Das Prinzip der Schonung hat die Entlastung, Erholung und Regeneration des Verdauungssystems zum Ziel. Dies wird durch eine auf den jeweiligen Patienten abgestimmte Intensivdiät, z.B. durch Heil- oder Teefasten, Milchdiät oder durch eine milde Ableitungsdiät erreicht. Die Säuberung erfolgt durch Einnahme von Abführmittel wie z.B. Glaubersalz u.a., Trinkkuren mit Wasser und Kräutertees und durch eine spezielle Bauchmassage. Ziel dieser Maßnahmen ist die Reinigung, Entschlackung und Entsäuerung des Verdauungstraktes. Die Schulung hat die erneute Funktionsaufnahme und das Training von mangelhaften Funktionen der Körperorganen zum Ziel. Dies wird erreicht durch Kau- und Esstraining und weiteren speziellen Bauchmassagen und führt zu einer Neuorientierung auf eine künftige gesündere Ernährungs- und Lebensweise. Während der Schulung werden ausschließlich Milch und hartgetrocknete Brötchen verzehrt. In der Phase der Substitution wird auf Grund von Laboranalysen eine ausreichende Versorgung des Patienten mit Vitaminen und Mineralstoffen durch individuelle Gabe von Zusatzpräparaten sichergestellt [30].

3.4 Vor- und Nachteile basischer Ernährung

Ziel der basischen Ernährungsformen wie z.B. der HAYschen Trennkost ist die Verhinderung einer Übersäuerung des Körpers durch genügende Basenzufuhr und eingeschränkte Säurenzufuhr. In der Naturheilkunde wird die Übersäuerung im Zusammenhang mit vielen Erkrankungen gesehen. Allergien, Migräne, Neurodermitis, Schmerzsyndrome, Arterienverkalkung, Gicht, Rheuma, Bindegewebserkrankungen, Osteoporose, Diabetes, Gallen- und Nierensteine, Herzinfakt, Geschwüre und sogar Krebserkrankungen werden nach der Naturheilkunde durch eine chronische Entgleisung des Säure-Basen-Haushalts gefördert bzw. sogar verursacht und können durch eine basische Ernährung positiv beeinflusst werden [16].

HAY ist z.B. der Meinung, dass durch eine konsequente Ernährung nach dem Trennkostprinzip ein schlechtes Allgemeinbefinden und Müdigkeit verhindert werden. Außerdem vermindert das Wissen, durch eine präventive Ernährung dem eigenen Körper alle Möglichkeiten zu geben sich gegen schädliche äußere Einflüsse zur Wehr zu setzen, die Angst vor Krankheiten. Da Angst Krankheiten auslösen und verstärken kann, wirkt sich dies ebenfalls positiv auf das körperliche Wohlbefinden aus. HAY spricht der Trennkost prophylaktische Eigenschaften zu, die den Stoffwechsel und das vegetative Nervensystem beeinflussen. Außerdem kann sie bei Krankheitsformen, die medikamentös schwer oder gar nicht beeinflussbar sind zu einer Besserung oder sogar Heilung führen. Hier gilt HAY selbst als das beste Beispiel. Außerdem kann nach HAY durch eine Ernährung nach dem Trennkostprinzip die Leistung von Sportlern gesteigert und können die Erholungsphasen verkürzt werden [13].

Vegetative Störungen:	*Spannungskopfschmerzen, Nervosität, Müdigkeit, Migräne, Leistungsabfall, Erschöpfung, Vergesslichkeit, Gleichgewichtsstörungen*
Kreislaufstörungen:	*Kalte Hände und Füße, Schwindelzustände, Sehstörungen, Ohrgeräusche, Herz-Kreislauf-Erkrankungen*
Rheumatische Erkrankungen:	*Weichteilrheuma, Fibromyalgie*
Störungen im Verdauungstrakt:	*Sodbrennen, Magenbeschwerden, Appetitlosigkeit, Durchfall, Verstopfung, Blähungen, Steinbildung, Lebererkrankungen (Fettleber, Leberfunktionsstörungen), Diabetes*
Schädigungen an Bindegewebe und Knochen:	*Osteoporose, Knochenbrüche, Bandscheibendegeneration, Parodontose*
Psychische Störungen:	*Schlafstörungen, Depressionen*
Immunschwächung:	*Ständige Infektneigung, Abszesse*
Hautprobleme:	*Chronische Ekzeme, Cellulite, Haarausfall*
Wachstumshemmung bei Kindern	

Tab. 8: *„Folgen einer Übersäuerung des Körpers"* (eigene Darstellung nach [20], S.17 und [21], S.29f)

Nach der Meinung von WORLITSCHEK und MESSING können die in Tabelle 8 aufgeführten durch chronische Übersäuerung verursachten Alltagskrankheiten durch eine basische Ernährung vermieden bzw. durch zusätzliche Gabe von Basenpulvern therapiert werden. Menschen, die unter diesen Einschränkungen leiden, können oft nicht oder nur unzureichend von einem schulmedizinisch ausgebildeten Arzt behandelt werden und würden ohne eine Ernährungsumstellung auf basische Kost nie richtig gesunden [21]. Die Schulmedizin jedoch ist der Ansicht, dass „ ... *Das Gleichgewicht des Säure-Basen-Haushaltes* [...] *auch durch eine noch so einseitige Ernährung nicht gefährdet* (wird)... " ([23], S. 355) und spricht deshalb einer basischen Ernährung einen besonderen Nutzen hinsichtlich des Säure-Basen-Haushalts ab.

Abgesehen von der entsäuernden Wirkung finden sich bei basischen Ernährungsformen jedoch auch wissenschaftlich anerkannte Vorteile. Die DGE wertet z.B. bei der HAYschen Trennkost den moderaten Fett- und Energiegehalt als positiv und durch die überwiegend lacto-vegetabile Ernährung mit einem hohen Gehalt an Früchten und Gemüse werden viele Ballaststoffe aufgenommen. Nachteilig wirkt sich jedoch laut DGE der für eine Dauerkost zu geringe Milch- und Getreideanteil aus [1].

Insgesamt gesehen ist der Nutzen einer basischen Ernährung in Bezug auf die Verhinderung oder sogar Therapie einer Übersäuerung des Körpers wissenschaftlich nicht erwiesen, aus Sicht der Naturheilkunde jedoch hoch. Durch den hohen Anteil an pflanzlichen Lebensmitteln sowie einem durchschnittlichen Fettgehalt sind moderate basische Kostformen aber durchaus als Dauerkostform geeignet, wenn der Anteil an Getreide- und Milchprodukten erhöht wird.

4. Quellenverzeichnis (inkl. weiterführende Literatur)

(a) Literaturverzeichnis

[1] aid Auswertungs- und Informationsdienst Ernährung, Landwirtschaft und Forsten e. V.: „Alternative Wege bewusster Ernährung". 10. Auflage, Bonn 2000, Heft 1131

[2] aid Infodienst Verbraucherschutz, Ernährung, Landwirtschaft e. V. / Deutsche Gesellschaft für Ernährung e. V. (Hrsg.): „Vollwertig essen und trinken nach den 10 Regeln der DGE". 22., überarbeitete Auflage, Bonn 2005, Heft 1016

[3] Aihara, Herman: „Säuren und Basen. Synthese aus dem westlichen Säure-Basen-Modell und dem östlichen Yin-Yang-Prinzip". 4. Auflage, Verlag Mahajiva, Holthausen / München 1995

[4] Biesalski, Hans-Konrad / Fürst, Peter / Kluthe, Heinrich K. R. / Pölert, Wolfgang / Puchstein, Christian / Stähelin, Hannes B. (Hrsg.): „Ernährungsmedizin". 1. Auflage, Verlag Georg Thieme, Stuttgart / New York 1995

[5] Bleichert, Adolf / Reichel, Hans: „Medizinische Physiologie. Band 3. Stoff- und Wasseraustausch (Ernährung, Verdauung, Niere, Wasser- und Elektrolythaushalt, Säure-Basenhaushalt); Energiehaushalt (Energiegehalt der Nahrungsstoffe, Indirekte Kalorimetrie, Grundumsatz, Gesamtumsatz und Leistungszuwachs, Regulation der Nahrungsaufnahme, Temperaturregulation)". Verlag F. K. Schattauer, Stuttgart / New York 1980

[6] Cleffmann, Günter: „Stoffwechselphysiologie der Tiere: Stoff- und Energieumsetzungen als Regelprozesse". 2., überarbeitete Auflage, Verlag Eugen Ulmer, Stuttgart 1987

[7] Davenport, Horace W.: „Säure-Basen-Regulation. Grundlagen für Studenten und Ärzte". 2., überarbeitete Auflage, Verlag Georg Thieme, Stuttgart 1979

[8] Doenecke, Detlef / Koolmann, Jan / Fuchs, Georg / Gerok, Wolfgang: „Karlsons Biochemie und Pathobiochemie". 15., komplett überarbeitete und neugestaltete Auflage, Verlag Georg Thieme, Stuttgart 2005

[9] Elmadfa, Ibrahim / Leitzmann, Claus: „Ernährung des Menschen". 3. Auflage, Verlag Eugen Ulmer, Stuttgart 1998

[10] Fröleke, Hartmut: „Kleine Nährwerttabelle der Deutschen Gesellschaft für Ernährung e. V.". 43., überarbeitete und aktualisierte Auflage, Verlag Umschau, Neustadt / Weinstr. 2005

[11] Geiß, Dieter / Weiß, Joachim (Red. Leitung): „Brockhaus Mensch, Natur, Technik". Bd. „Phänomen Mensch". Verlag Bibliographisches Institut & F.A. Brockhaus AG, Mannheim / Leipzig 1999

[12] Handschmann, Johanna: „Schnelle Trennkost – GU KüchenRatgeber". Verlag Gräfe und Unzer GmbH, München 1999

[13] Heintze, Monika / Heintze, Thomas / Walb, Ilse / Walb, Ludwig: „Original Haysche Trenn-Kost - nach Dr. Hay und Dr. Walb". 43. Auflage, Verlag Karl F. Haug, Heidelberg 1992

[14] Hornbostel, H. / Kaufmann, W. / Siegenhalter, W. (Hrsg): „Innere Medizin in Praxis und Klinik". Bd. 2: „Niere, Wasser-, Elektrolyt- und Säure-Basen-Haushalt – Nervensystem, Muskeln, Knochen, Gelenke". 4. Auflage, Verlag Georg Thieme, Stuttgart 1992

[15] Ketz, Hans-Albrecht (Hrsg.): „Grundriss der Ernährungslehre". 3., überarbeitete Auflage, Verlag Steinkopff, Darmstadt 1990

[16] Kraske, Eva-Maria: „Säure-Basen-Balance. Störungen und Symptome erkennen –
Ernährungssünden ausgleichen – Entschlacken, entgiften, abnehmen". 6. Auflage, Verlag Gräfe und
Unzer GmbH, München 2000

[17] Leitzman, C. / Keller, M. / Hahn, A.: „Alternative Ernährungsformen". 1. Auflage, Verlag
Hippokrates, Stuttgart 1999

[18] Latscha, Hans Peter / Kazmaier, Uli / Klein, Helmut Alfons: „ Chemie für Biologen". 2.,
überarbeitete Auflage, Verlag Springer, Berlin / Heidelberg / New York 2005

[19] Maid-Kohnert, Udo (Red.): „Lexikon der Ernährung - in drei Bänden" (Bd. 1: A. -Fettk.; Bd. 2:
Fettl. - M.; Bd. 3: N. – Z.). Akademischer Verlag Spektrum GmbH, Heidelberg / Berlin 2001

[20] Mayr, Peter / Worlitschek, Michael: „Säure-Basen-Einkaufsführer – So finden Sie die richtigen
Nahrungsmittel für das gesunde Gleichgewicht", Verlag Karl F. Haug, Stuttgart 2001

[21] Messing, Norbert: „Die Säure-Basen-Balance". 3. Auflage, Selbstverlag, Bad Schönborn 1999

[22] Müller-Plathe, Oswald: „Säure-Basen-Haushalt und Blutgase. Pathobiochemie – Klinik –
Methodik", 2. Auflage, Verlag Georg Thieme, Stuttgart 1982

(Breuer, Heinz / Büttner, Hannes / Stamm, Dankwart (Hrsg.): „Klinische Chemie in
Einzeldarstellungen; Band 1".)

[23] Rehner, Gertrud / Daniel, Hannelore: „Biochemie der Ernährung". Akademischer Verlag
Spektrum GmbH, Heidelberg / Berlin 1999

[24] Sander, Friedrich F.: „Der Säure-Basenhaushalt des menschlichen Organismus und sein
Zusammenspiel mit dem Kochsalzkreislauf und Leberrhythmus". 3. Auflage, unveränderter
Nachdruck der 1. Auflage, Verlag Hippokrates, Stuttgart 1999 (Erstdruck 1953)

[25] Schlieper, Cornelia A.: „Grundfragen der Ernährung". 12., überarbeitete Auflage, Verlag Dr.
Felix Büchner, Handwerk und Technik GmbH, Hamburg 1994

[26] Summ, Ursula: „Meine neue Trennkost-Tabelle. Klar – übersichtlich – auf einen Blick". Verlag
Gräfe und Unzer GmbH, München 2003

[27] Worlitschek, Michael: „Die Praxis des Säure-Basen-Haushaltes – Grundlagen und Therapie". 5.
Auflage, Verlag Karl F. Haug, Stuttgart 2003

(b) Weitere Quellen

[28] http://dc2.uni-bielefeld.de/dc2/indikator/indi03.htm

[29] http://www.dge.de

[30] http://www.fxmayr.com

[31] http://www.google.de

[32] http://www.ipev.de

[33] http://www.trennkost.de

5.   Anlage

Alphabetische Liste der verwendeten Lebensmittel mit Angaben zum Nährwert

Lebensmittel	kJ/100g	Wirkung[1]	Lebensmittel	kJ/100g	Wirkung
Ananas	234	basisch	Reis	1463	sauer
Apfel	228	basisch	Rinderhack	867	sauer
Banane	374	basisch	Rindfleisch (Muskelfleisch)	455	sauer
Bierschinken	724	sauer	Rindfleisch (Oberschale)	519	sauer
Birne	233	basisch	Roggenmischbrot	893	sauer
Blumenkohl	95	neutral	Roggenmischbrot vollkorn	929	sauer
Broccoli	117	basisch	Roggenvollkornbrot	784	sauer
Butter	3143	neutral	Roggenvollkornknäcke	1300	sauer
Butterkeks	1870	sauer	Roggenvollkornknäcke rund	1340	sauer
Cornflakes	1573	sauer	Roggenvollkornmehl	1231	sauer
Eidotter	1459	basisch	Rosinen	1238	sauer
Eiweiß	208	sauer	Sahne	1269	basisch
Erdbeeren	136	basisch	Salami (dünn)	1282	sauer
Erdnuss geröstet	2424	sauer	Salami	1459	sauer
Fruchtsaft (Direktsaft)	193	basisch	Salatgurke	52	sauer
Gouda 48% i.d.Tr.	1463	sauer	Salzstangen	1463	sauer
Gemüsebrühe (instant)	1040	neutral	Salzkräcker	2054	sauer
Gurke sauer eingelegt	83	basisch	Schinken roh (Schwein)	758	sauer
Heidelbeeren	136	basisch	Schmelzkäse	1118	sauer
Himbeeren	143	basisch	Schnittlauch	115	sauer
Honig (Blütenhonig)	1283	sauer	Sesamstangen	1463	sauer
Joghurt 3,5%	255	sauer	Sonnenblumenkerne	2405	basisch
Kakaopulver schwach entölt	1427	sauer	Spinat	67	basisch

Kartoffel	298	basisch	Tatar	485	sauer
Kefir	270	basisch	Tomate	73	basisch
Kiwi	215	basisch	Tomatenmark	204	basisch
Knusperbrot Roggen	1245	sauer	Traubensaft (Direktsaft)	296	basisch
Kochschinken (Schwein)	470	sauer	Vollkornhaferflocken	1498	sauer
Kohlrabi	104	basisch	Vollkornzwieback	1531	sauer
Konfitüre	1061	sauer	Vollmilch 3,5%	281	basisch
Leberwurst	1533	sauer	Weintrauben	286	basisch
Nudeln	1501	sauer	Weizenbrot	1009	sauer
Majonäse	1505	sauer	Weizenbrötchen	1155	sauer
Mischhack	1012	sauer	Weizentoastbrot	1090	sauer
Möhre	109	basisch	Weizenmehl Typ 405	1409	sauer
Orangensaft (frisch)	184	basisch	Weizenvollkornbrot	888	sauer
Olivenöl	3700	neutral	Weizenvollkornmehl	1293	sauer
Paprikaschote	81	basisch	Zucker	1697	sauer
Pflaumen	205	basisch	Zuckermais	369	basisch
Pflaumenmus	860	sauer	Zuckerrübensirup	1223	sauer
Pflanzenmargarine	2970	neutral	Zwieback (eifrei)	1667	sauer
Putenbrustfleisch	446	sauer	Zwiebeln	116	basisch
Quark 40%	664	sauer			

Mehr zu diesem Thema finden Sie in „Der Einfluss der Ernährung auf den Säure-Basen-Haushalt. Ein Selbstversuch" von Silvia Pretzel, ISBN: 978-3-638-63555-4

http://www.grin.com/de/e-book/52817/